小牛顿科学馆 全新升级版

铁

TIE

台湾牛顿出版股份有限公司 编著

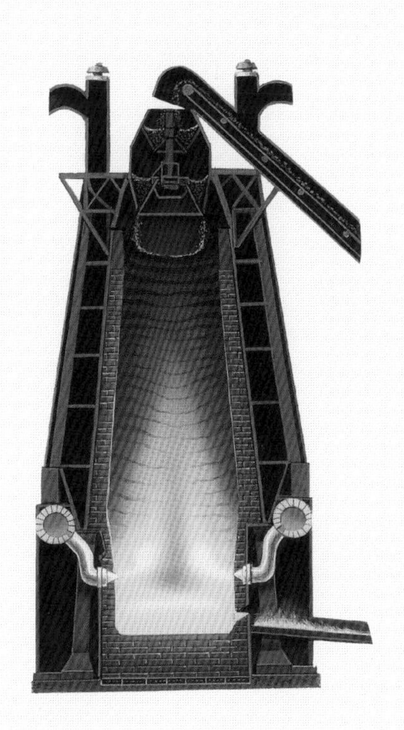

桂图登字：20–2016–224

简体中文版于2016年经台湾牛顿出版股份有限公司独家授予接力出版社有限公司，在大陆出版发行。

图书在版编目（CIP）数据

铁／台湾牛顿出版股份有限公司编著．—南宁：接力出版社，2017.7（2024.1重印）
（小牛顿科学馆：全新升级版）
ISBN 978–7–5448–4928–9

Ⅰ.①铁…　Ⅱ.①台…　Ⅲ.①铁–儿童读物　Ⅳ.①O614.81–49

中国版本图书馆CIP数据核字（2017）第145936号

责任编辑：程　蕾　　郝　娜　　美术编辑：马　丽
责任校对：刘哲斐　　责任监印：刘宝琪　　版权联络：金贤玲
社长：黄　俭　　总编辑：白　冰
出版发行：接力出版社　　社址：广西南宁市园湖南路9号　　邮编：530022
电话：010–65546561（发行部）　　传真：010–65545210（发行部）
网址：http://www.jielibj.com　　电子邮箱：jieli@jielibook.com
经销：新华书店　　印制：北京瑞禾彩色印刷有限公司
开本：889毫米×1194毫米　1/16　　印张：4　　字数：70千字
版次：2017年7月第1版　　印次：2024年1月第11次印刷
印数：69 001—76 000册　　定价：30.00元

本书地图系原书插附地图
审图号：GS（2023）2490号

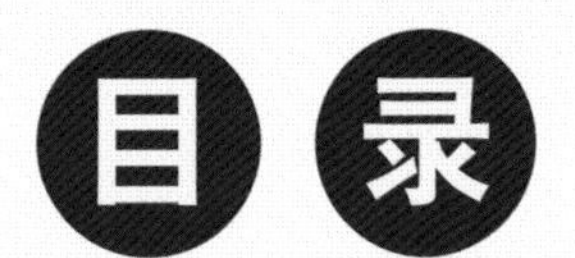

写给小科学迷

当人类知道如何利用自然界中的金属后，金属在我们的日常生活中便扮演了重要角色。由于炼铁技术的进步，人们制造出不锈钢，有的用在烹调器具上，有的用在交通上，有的用在医疗设备上。锡是人类最早发现和利用的金属之一，用来保存食物的罐头盒便是用锡做的。一起来看看各种金属的用途吧！

生活中离不开的重要金属——铁

据研究，人类在6000年前就已经知道使用铁了，不过自然界中的铁大都是以化合物的形式存在，很少有纯铁，而当时人类并不懂得如何冶炼，因此科学家们推测，当时所使用的铁可能来自陨石，因为陨石中含有较纯净的铁元素。

随着炼铁技术的进步，人们逐渐懂得利用铁来制造器具，尤其是制造农具，使人类步入农业时代。直到现在，从日常生活中的汤匙、刀叉到飞机、汽车、轮船，甚至枪炮、火箭等都需要用到铁。对于这种和我们生活关系密切的金属，你是不是想了解更多呢？

古埃及人用铁来做装饰品，古代奥林匹克运动会的冠军会收到包括铁制品在内的各式奖品，可见铁在古代的确相当珍贵。

简陋的炼铁术

早在 3000 多年前，人类就掌握了炼铁技术，但方法和设备却相当简陋。在迎风的山坡上凿个洞，把铁矿石和木炭放进去点火炼制。当铁矿中的铁熔化成铁水后，工人会挖开事先用泥土堵住的小孔道，让炙热的铁水流出，灌入预制的模型中，制成各种器具。这样炼制出来的铁含有很多杂质，所制成的器具不耐用，但对人类而言却是一项重大突破。

古代炼铁术

在 2000 多年前的春秋战国时代，我国的炼铁术就已经相当发达。到了汉代，政府在全国各地都设置了铁官，管理冶铁业，冶铁作坊规模宏大，并发明了高炉炼铁。中国人炼铁，是将木炭和铁矿石一层一层交错地放在鼓风炉内燃烧，并且发明了强大的鼓风设备来送风，比起在山坡上凿洞炼铁，可要先进多了。不仅如此，我们的祖先还知道如何将铁炼制成钢呢！

铁是一种很活泼的金属元素，很容易和氧结合，因此在自然界中大都以氧化铁形态存在。木炭燃烧时需要氧，会带走氧化铁中的氧，使铁还原，这便是炼铁的基本原理。早期炼出的铁是铁块，杂质比较多，后来炼出了液态的铁，杂质比较少，可以浇铸成型，这就是生铁。

越建越高的鼓风炉

伴随炼铁技术的进步和铁需求量的增加，炼铁用的鼓风炉也不断增大、增高，有的甚至将近 100 米高，难怪它又被叫作“高炉”。

现代高炉的外壳是钢板制的，里面是一层厚厚的耐火砖。炼铁时，把碎铁矿、焦炭、石灰石等原料不断从炉顶加入，同时从炉腹吹入热空气。焦炭遇到热空气就会燃烧，使铁矿中的铁熔化成铁水。高炉一经点火使用，便日夜不停地燃烧，直到需要修护才停止输入原料，但仍必须不断送入热空气，以便保持炉内的高温。有些高炉甚至使用 10 年才需要重新修换耐火砖。

高炉剖面图
原料
耐火砖
送风口
铁水
送风口
出铁口
高炉

恨铁不成钢

我们偶尔在小城镇上，还可以看到一两间古老的打铁店。只见老师傅把铁块放在炭火中烧红，再拿出来锤打，然后再放回炭火中烧，这是传统的炼钢法。从前，人们以为钢是铁里面的精华，不断烧打、冶炼后，就能使铁变成钢。其实钢和铁的区别，主要是含碳量的多少，钢虽然是由铁炼制而成，却不见得需要用“打”的方式。早期炼出的粗铁含碳量比较低，把这种粗铁用木炭烧红、锤打，可以使木炭中的碳渗入其中，当含碳量达到一定程度时就变成钢了。古人虽然不明白其中的道理，却也能造出钢来，只可惜用这种方法炼钢太费时了，品质也不容易控制，因此逐渐被现代化炼钢技术所取代。

扫一扫，看视频

打铁店

钢铁可细分成生铁、熟铁和钢。生铁的含碳量在2%—4.3%；生铁经过熔化、吹氧、去除杂质后，再与硅酸盐类混合后即形成熟铁，熟铁几乎不含碳；钢的含碳量在0.03%—2%。含碳量的多少决定钢和铁的硬度，含碳量少的，比较软而强韧；含碳量较高的，虽然坚硬却较脆。

现代化炼铁开始喽！

赤铁矿、磁铁矿、褐铁矿是最常用的三种炼铁原料。瞧，这一堆堆的铁砂和煤正蓄势待发，准备进入高炉，来个脱胎换骨！人们觉得铁是很好用的金属，对钢铁的需求量也大幅增加。起先人们燃烧木炭来炼铁，但是大量炼铁的后果是木炭远不够

用，于是试用煤来代替。到了 18 世纪中叶，英国人大规模将煤炼成焦炭。焦炭燃烧快，能产生高温，并且强度大，在高炉中不容易被其他矿石压碎，所以是最理想的燃料。

煤

将煤放在密闭的炉中加热到 1100 摄氏度以上时，煤中的碳氢化合物及硫化物会变成气态挥发出去，剩下的便是焦炭。

废物利用不浪费

你知道吗？炼制 1 吨的铁需要 1600 千克的铁砂、480 千克的焦炭、170 千克的石灰石和 150 吨的水！水用来冷却炉壁，焦炭用来燃烧，而石灰石可以和煤、铁燃烧熔化后剩下的物质结合，形成炉渣。炉渣的密度比铁水小，所以会浮在铁水上面，只要轻轻一拨就能和铁水分开，省去不少功夫呢！而炉渣可以再制成水泥、绝缘材料，可是一点儿也不浪费哟！

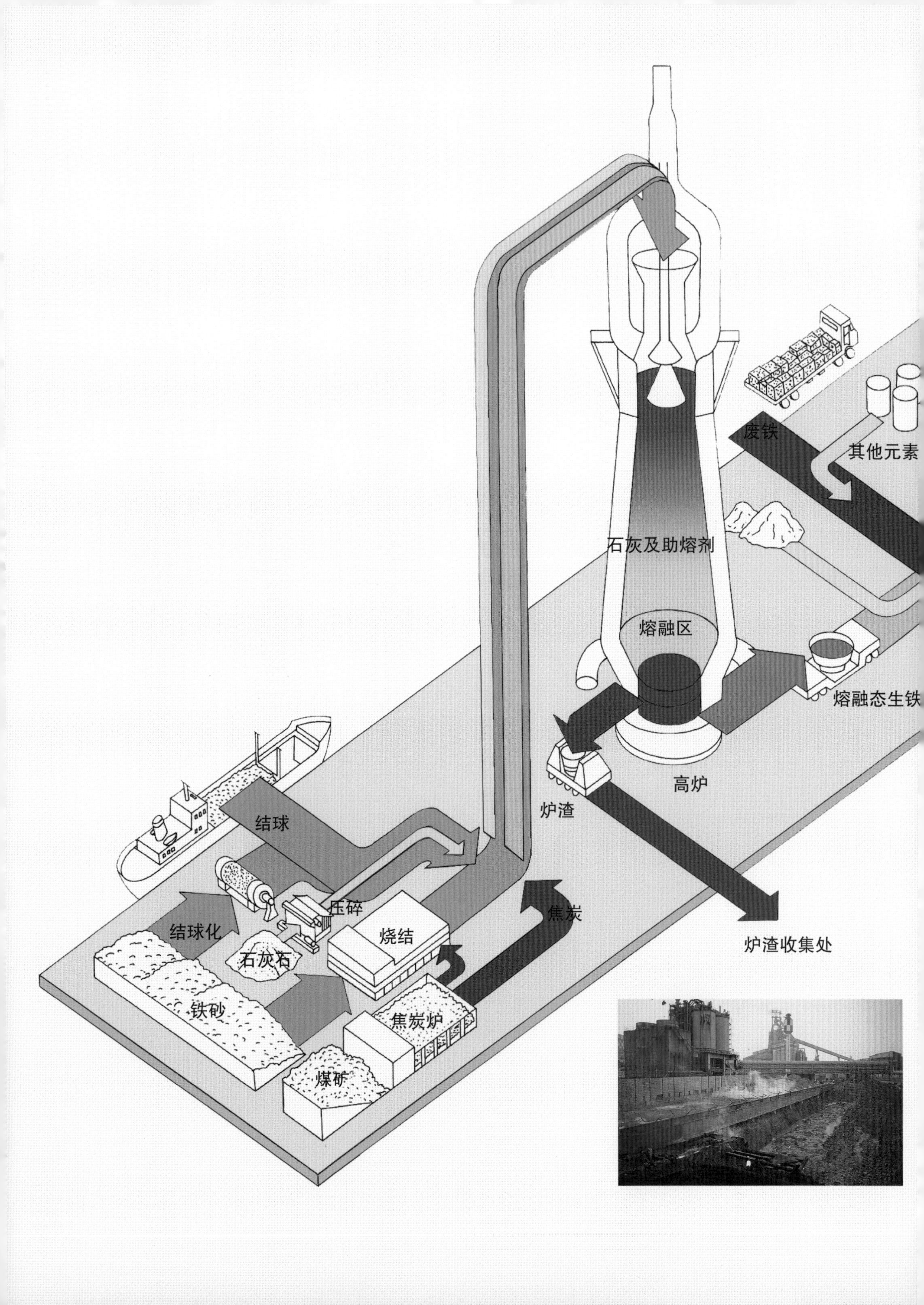

废铁
其他元素
石灰及助熔剂
熔融区
熔融态生铁
高炉
炉渣
炉渣收集处
结球
压碎
焦炭
结球化
烧结
石灰石
铁砂
焦炭炉
煤矿

去粗存精忙炼钢

钢和铁的区别主要在于含碳量，而炼钢的目的便是要降低生铁中的含碳量及杂质，转炉炼钢和电炉炼钢是最常使用的两种炼钢方法。转炉炼钢法是把铁水、废铁和石灰石放入转炉内，并吹入高压氧气，使温度急速上升。这时铁水中的碳会和氧化合成一氧化碳气体溢出，其他杂质则会和石灰石化合成炉渣，并且浮在表面，而原来的铁水便变成了钢熔液。

运送铁砂

电炉和转炉外形有点相近，外壳都是钢制的，里面铺耐火砖，但是电炉的炉顶部分有 3 根碳棒当作电极。通电后，碳棒会发出光和热，温度高达 1900 摄氏度，甚至 4000 摄氏度。在这么高的温度下生铁水热腾腾地翻滚，生铁中的碳也一起燃烧，当碳的含量降低时，生铁也就变成钢了。

铁砂

炼钢的工作到此告一段落，但为了适合工业上的各种用途，还得经过一道道工序，最终钢才可以和我们见面。

煤

铁有一个特性，当温度改变时，它的晶体结构排列也会跟着变化，例如：在常温下，铁的晶体结构排列较松；当温度达到 912 摄氏度时，结构最密；但是到了 1394 摄氏度时，结构又变松了。因此钢可以用加热后再冷却的方法改变性质。

外形特殊的鱼雷车

“好奇怪的车子哟，怎么以前没见过？”

这是大型钢铁厂专门负责运送铁水的鱼雷车。当温度高达 1538 摄氏度时，铁便开始熔化，并积存在高炉底部。当积蓄到一定的量后，工人便打开炉底的开口，将铁水直接注入鱼雷车中，再由鱼雷车将铁水送到邻近的炼钢炉中炼钢。鱼雷车的内部也和高炉内部一样，有一层厚厚的耐火砖，铁水装在里面，温度不至于下降得太快。

鱼雷车

将钢坯降至常温，去除表面的氧化铁皮后再来碾轧，则称为“冷轧”。

钢熔液一面慢慢流出，一面用水冷却成型，接着轧成扁钢坯，也可以制成条状的大钢坯。

扁钢坯经过轧延机碾轧成较薄的钢板，也可以多次轧延，使原来20—30厘米厚的钢坯最后变成2—3毫米厚的薄钢片。

经热轧后的钢板(片)。

小钢坯可以轧制成线材或条钢。

冷轧后的钢经重卷机卷成钢卷。冷轧钢表面光滑，容易涂漆、电镀，适合做家电、家具的外壳。

为了符合需求，也会将钢熔液铸成条形的大钢坯，再碾轧成小钢坯。

把钢坯压制成一定形状和规格的过程叫作“轧钢”。扁钢坯刚开始轧延时温度至少在1100摄氏度，轧延时，轧辊加压在钢板上，也会提高温度，因此必须用水来冷却。轧到一定厚度后，由于暴露在空气中，温度会下降，但仍需用水喷洒使其降温，整个过程称为“热轧”。

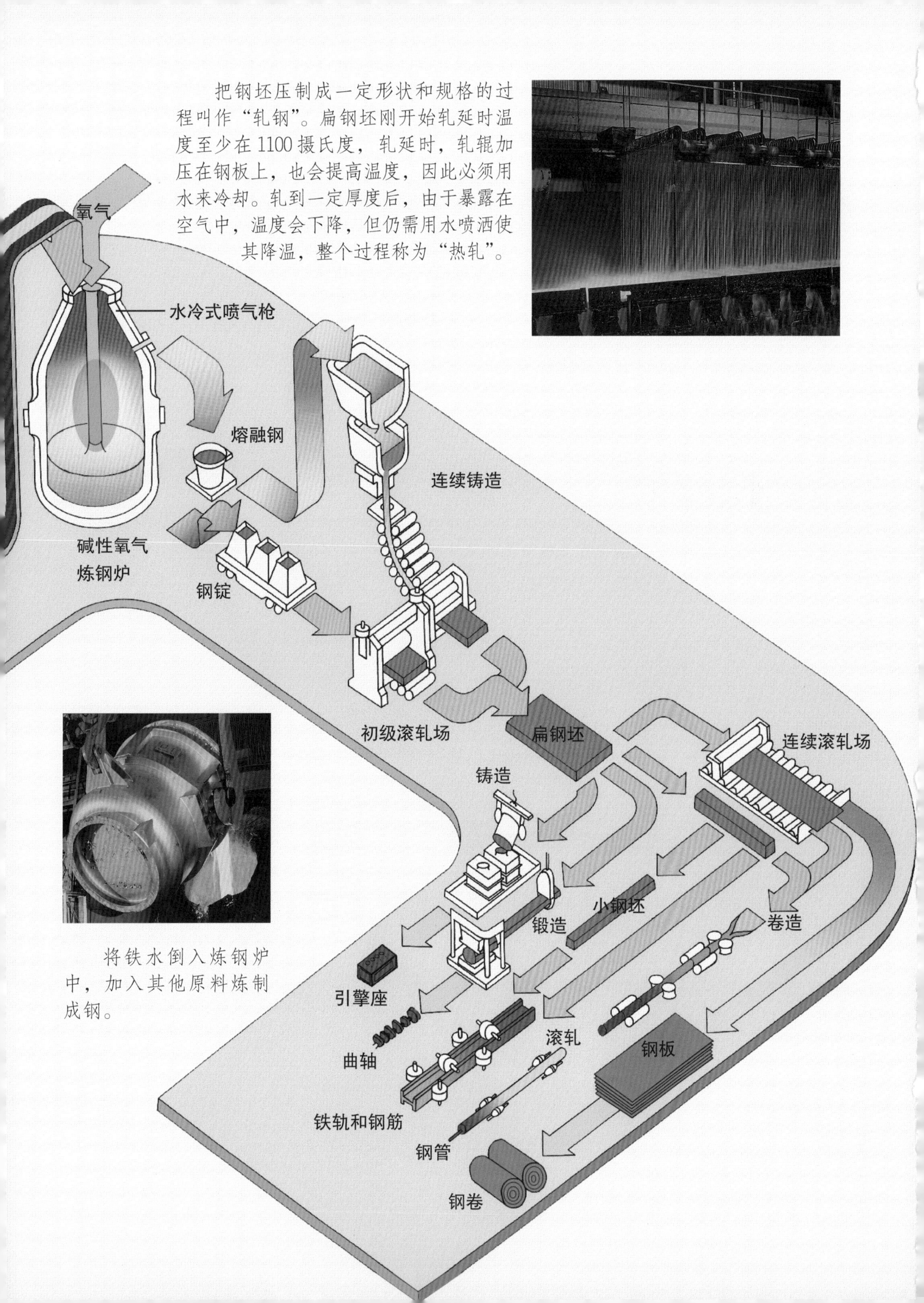

将铁水倒入炼钢炉中，加入其他原料炼制成钢。

恼人的铁锈

你是否碰到过这种情形，刀子、回形针、自行车等，一段时间不用就会生锈？

这是因为钢制品的表面保护膜被空气中的酸性物质破坏了，空气中的氧和铁直接接触，因而产生化学变化，形成铁锈，铁锈就是铁的氧化物。铁锈会一直蔓延侵蚀，最后使铁或钢变成铁屑。为了克服这个缺点，20 世纪初，英国人亨利·布雷尔利发明了不锈钢，并开始大量生产。不锈钢具有耐高温、不易被腐蚀的特性，因此除了用来制造厨房用具外，还被广泛应用在化学工业和石油工业上，连医院里的医疗设备也大都是用不锈钢制成的呢！

不锈钢是由铁、碳、铬、镍等混合制成的合金钢。镍可以增加钢的韧性以及抗腐蚀能力；铬可以和空气中的氧结合，形成铬氧化物，在不锈钢的表面产生一层膜，具有防锈作用。这层薄膜遭破坏后，铬还能再形成一层薄膜，所以不锈钢不容易生锈。但如果长期和其他锈蚀物品放在一起，或是使用环境的酸度、含盐量太高，久而久之，不锈钢制品也是会生锈的。

铁锈也有妙用

铁氧化时会放出热量，平时由于氧化过程十分缓慢，不容易察觉到放热现象，如果能使铁的氧化作用加速，是不是可以一下子放出很多热量呢？

这个主意不错，有项产品——活性炭手暖炉，便是根据这个原理制造出来的。把铁粉、活性炭、木粉、食盐等混合，装入透气良好的内袋，再放入不透气的塑料袋中密封起来。使用时，只要打开外包装，内袋一接触到空气，里面的铁粉便开始氧化、放热，温度一下子可以升到45摄氏度。在登山、赏雪时，这种不用火、不用电的暖炉，还真是御寒的宝贝呢！

活性炭手暖炉的内袋一接触到空气，活性炭会立刻吸收大量的氧气，而铁粉和氧接触的面积比铁块大，所以氧化速度更快，因而放出大量的热。

不可思议的金属

炼铁时，只要温度稍有改变，所制造出来的铁质地会完全不同。此外，若在炼制时掺杂其他金属，质地也会改变，譬如不锈钢便是在铁中加了铬和镍等。加入不同的金属配料，就会产生各种不同性质、功能的钢铁，真是太神奇了！

两种或两种以上的金属，或是金属和少量的非金属混合，炼制成另一种具有金属特性的物质，称为“合金”。钢可以说是铁和碳的合金。依照钢的含碳量多少，又可以将其分为“极软钢”“软钢”“硬钢”和“高碳钢”四种；其他具有特殊性能的合金钢，则称为“特种钢”。

极软钢

含碳量在0.20%以下，硬度不大，很容易轧成薄的钢板，汽车、冰箱、洗衣机外表的薄钢板，便是用极软钢轧成的。

软钢

含碳量在0.20%—0.30%，大部分用来做造船用的钢板、建筑用的钢筋或钢梁、输送水或煤气的钢管。

硬钢

含碳量在0.50%—0.80%，硬度相当大，可制成火车、电车等的车轮、车轴、齿轮、弹簧等。

高碳钢

含碳量在0.60%以上，硬度非常大，钢锯、锉刀等硬度较大的工具多由高碳钢制成。

特种钢

锰钢

（含约 13% 的锰）

非常强韧、耐磨，铁路上的交叉道、挖土机的吊斗、防弹钢板等，多是用锰钢做的。

硅钢

（含 3%—5% 的硅）

坚固，容易传导磁性，电动机、变压器里的导磁材料就是用硅钢做的。

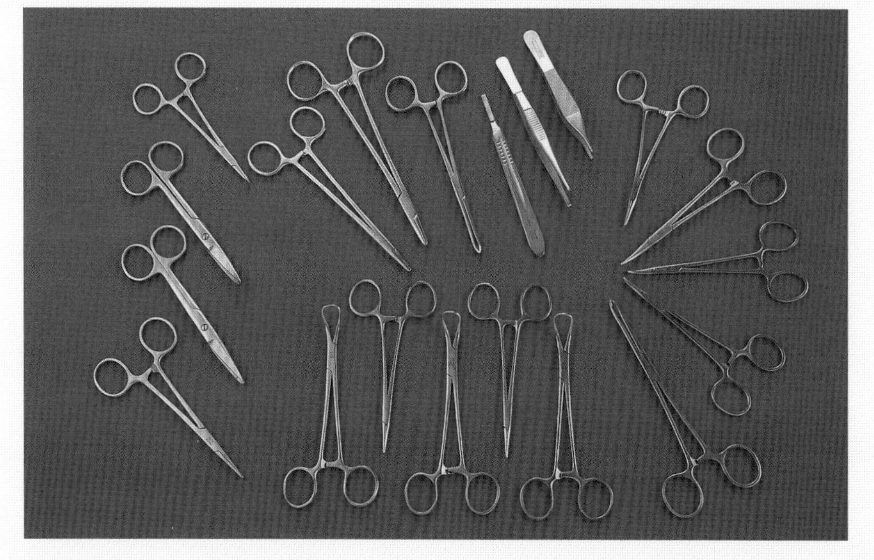

不锈钢

（含镍及 10.5% 以上的铬）

种类很多，每种的成分和比例都不相同，除了厨房用具、工业和医疗方面的设备外，高速飞机的机身也有部分是用耐高温不锈钢制成的。

钨钢

（含 18% 的钨，4%—10% 的铬、钒、钼、钴等）

高温烧红后不会变软，常用来做刀、锯、钻头等切削工具。

高温钢

（含钼、铬，总量不超过 5%）

长时间处在五六百摄氏度的高温下，也不会改变强度和韧性，适合做锅炉。

殷钢

（含 36% 的镍）

遇热膨胀的程度比其他金属小，适合做成钢卷尺及其他测量仪器，一般在钢卷尺表面都有一层烤漆。

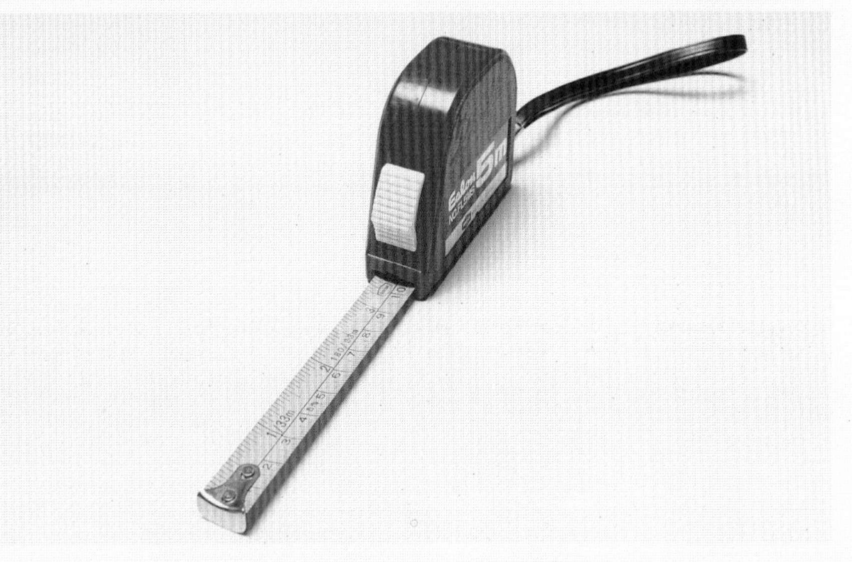

小兵立大功

你知道吗？人体内也有铁呢！它就藏在血液中的血红蛋白里。动物血液中的血红蛋白主要负责输送氧气和排出二氧化碳，实际承担这项工作的是血红蛋白中的 4 个亚铁离子。亚铁离子会和氧结合，并将氧送到各个器官，使动物体内的养分变成能量，同时也把产生的废弃物——二氧化碳带走，排出体外。

虽然铁在人体所占的分量不多，但可别小看了它，人体内如果缺乏铁质，血红蛋白就不能与氧结合，会患缺铁性贫血症，严重时还会引起脑部缺氧而送命呢！不过，别担心，我们常吃的食物之中，例如动物肝脏、菠菜、牛奶等就含有丰富的铁质，只要不偏食，就不用担心会缺铁啦！

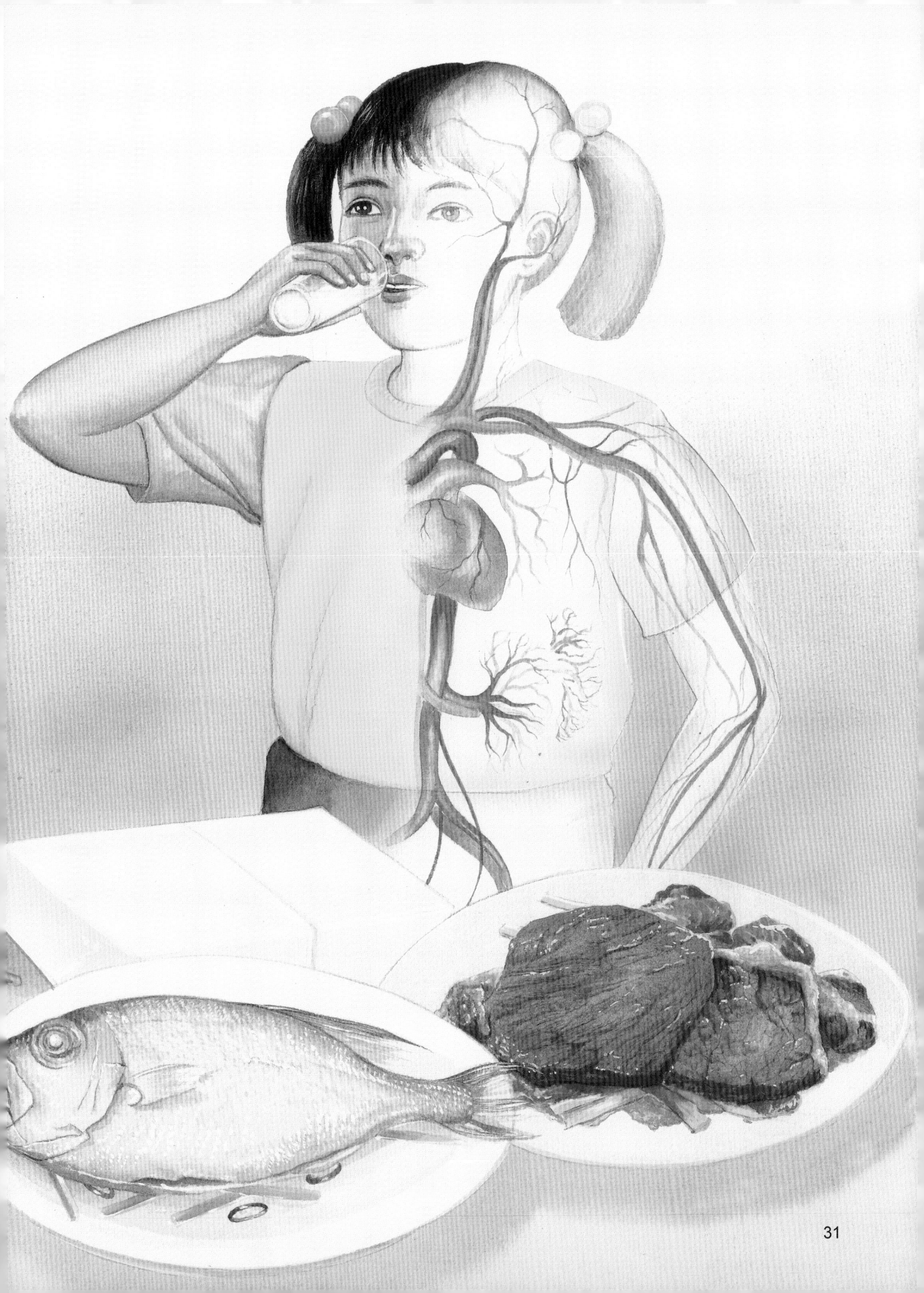

自行车的演变

自行车是19世纪开始出现的人力交通工具，当时的车身是用木头做的，不仅笨重，而且还没有脚踏板，必须靠双脚蹬着地面往前推才会前进。经过逐渐改良，车身才改用比木头轻且坚固耐用的铁来制作，并加入了脚踏板以及齿轮和链条，这便是现代自行车的雏形。自行车因为体积小，且骑乘方式简单，推出后很快风靡全世界。

19世纪时的主要交通工具还是马匹，不过，因为自行车不像马必须喂食或照顾，而且骑乘起来非常简单，所以很快就流行起来，现在已经成为十分普遍的交通工具了。

自行车进化史

最早的自行车，车身使用木头制作，非常重，而且没有脚踏板，需要用脚蹬地推进，骑起来不方便，跑得不快，又很耗力。

后来开始出现铁制自行车，因为加上了脚踏板以及齿轮和链条，只要蹬脚踏板，齿轮和链条就可以带动车轮转动，省力又方便。

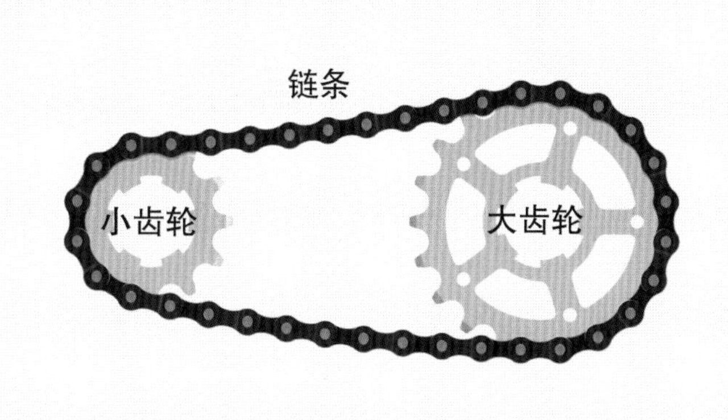

自行车怎么动

仔细看看自行车的构造，除了车身、把手和轮子外，还有一个很重要的部分，就是齿轮和链条，这是自行车可以往前行的重要构造。

扫一扫，看视频

骑自行车

齿轮的运作原理

自行车前行的动力，是通过一连串的机械运作，让施力从脚踏板传送到后轮。当脚蹬脚踏板后，大齿轮开始转动，并通过链条带动后轮轴上的小齿轮，因此小齿轮也跟着一起转动，最后让后车轮动起来。因为自行车的链条、齿轮组只连接到后轮，所以前轮是没有动力的。

骑自行车时，蹬脚踏板，脚踏板会转动中心的大齿轮，踩踏的力量经过链条以及后轮轴上的小齿轮传送，就可以让后车轮转动，推动自行车前进。

齿轮大小的影响

自行车中心的齿轮比后轮轴的齿轮大，中心齿轮转一圈，后轮可以转很多圈，虽然踩起来比较耗力，但是前进速度很快。这种设计可以让自行车在平地快速前进。

平地时，使用较小的后轮轴齿轮速度很快。

当遇到上坡时，若使用较小的后轮轴齿轮，自行车骑起来很吃力，只要换成较大的后轮轴齿轮，骑起来就会轻松、省力。虽然后轮轴齿轮越大越省力，但速度却会变慢。

上坡时，使用较大的后轮轴齿轮轻松、省力。

材质多样化的自行车

用铁制造的自行车容易生锈，不耐用，因此现代的自行车多是使用合金来制造。目前常使用的材质有钢、钛合金以及铝合金，另外还有一种非金属材料——碳纤维。因为选用的材质不同，自行车在重量和弹性上也有差异，所以使用者可以根据需求选择不同材质的自行车。例如自行车赛用的车，使用重量轻的铝合金或碳纤维，让车身重量减轻，才能跑得快。

现代的自行车因应各种不同需求，会搭配使用不同的材质，各种材质各有其优缺点。例如钢很坚固，但是很重；碳纤维很轻，但是受力不均匀时容易断裂。

自行车重量及坚固度比较表（以同样大小和样式的自行车做比较）

项目 \ 材质	钢	钛合金	铝合金	碳纤维
重量	最重	次重	次轻	最轻
坚固度	高	高	略低	略低

各式各样的自行车

自行车种类越来越多，有让多人一起骑乘的多人自行车，有收纳起来轻巧、方便携带的折叠车，还有可以载货的自行车。自行车也不仅是交通工具，还可用于运动。

竞技车

双人自行车

三轮车

折叠车

图片作者：pio3 / Shutterstock.com

开采锡砂制精品

“在忙些什么呀？”

“正忙着采锡呢！”

锡是人类最早发现和使用的金属之一，用途非常广泛，不论是汽车制造业还是食品罐头业都要用到大量的锡。锡也可以用来制成精致美观的器皿。中国、马来西亚、印度尼西亚、泰国、玻利维亚、尼日利亚、澳大利亚、英国等地都是锡的主要产地。我们现在就要到马来西亚的锡产地去一探究竟，快跟我们来吧！

到锡矿场采锡砂

锡是一种银白色金属，质地柔软，用途广泛。锡砂对风化作用的抵抗力大，常蕴藏在花岗岩的矿脉中。由于几百万年前火山爆发，花岗岩由地心隆起，受到火山爆发时的高热与气候变化的影响，锡矿以锡砂的方式蕴藏在矿脉中。那么，人们又是如何取得如沙粒般的锡砂呢？

1. 马来西亚地处热带，雨量丰沛，采矿前要先将积水抽掉。

2. 将采得的矿砂放在卡车上。

3. 卡车将矿砂运至堆积地。

6. 用机器筛拣出不要的粗大沙石。

5. 将泥水导入沟槽中。

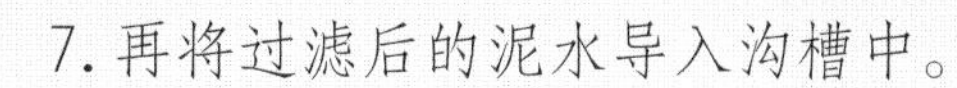

7. 再将过滤后的泥水导入沟槽中。

4. 用强大的水柱来冲洗矿砂，使矿砂混成泥水。

8. 沟道中，每隔一段距离就会有一块木板隔着，让锡砂充分沉淀。再依次提起木板，使锡砂冲到下方再过滤。

9.再次滤出杂质。

11. 加入硫酸溶液、药粉等物质，使锡砂中的铜、锰化合物浮出。

10.将锡砂收集起来。

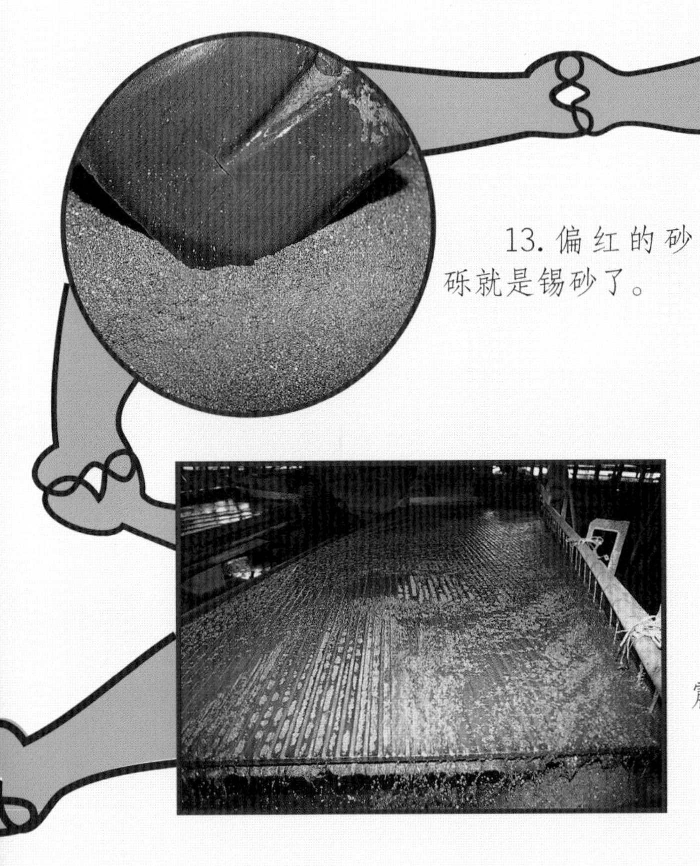

13. 偏红的砂砾就是锡砂了。

14. 将锡砂烘干装袋，就可送到熔锡厂了。

12. 再放到震床上震出铜、锰。

陆上采锡大多采用砂泵方式，另外还有三种开采方式：

利用采锡船在湖面上开采。由于采锡船无法充分将矿地底层和湖内的锡砂完全开采，所以有80%的砂泵矿场是在采锡船开采后的矿地上再进行开采。

以前，妇女为了增加收入，常在河流或河床上淘洗锡砂赚钱。她们以木制的琉琅*（liú láng）来淘洗，较重的锡砂会留在底部，泥水和细沙则会由边缘溢出，这是最古老、最简单的淘锡方法。

若锡矿位于坚硬的地底岩层，就必须在地底开采，借着空气的压缩将藏有锡砂的岩石炸开，再运至地面淘洗。

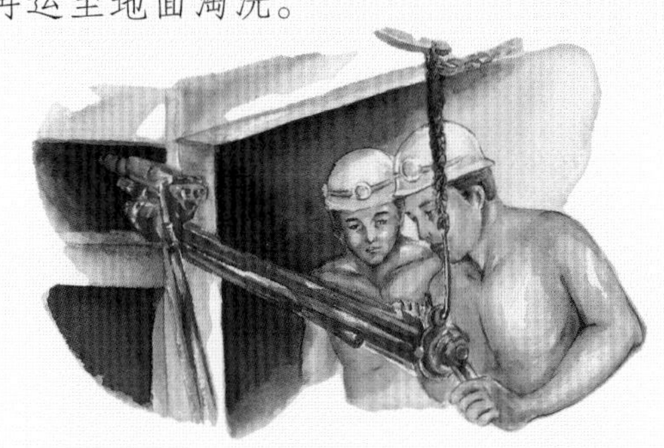

* 琉琅：一种形状似锅的平底凹形木盒。

精致实用的锡制品

锡的延展性很高，容易制成各种形状的用品。由于锡无毒，不易生锈，所以食品罐头包装盒内常会镀上一层锡。究竟锡器是如何制造出来的呢？我们一起来看看。

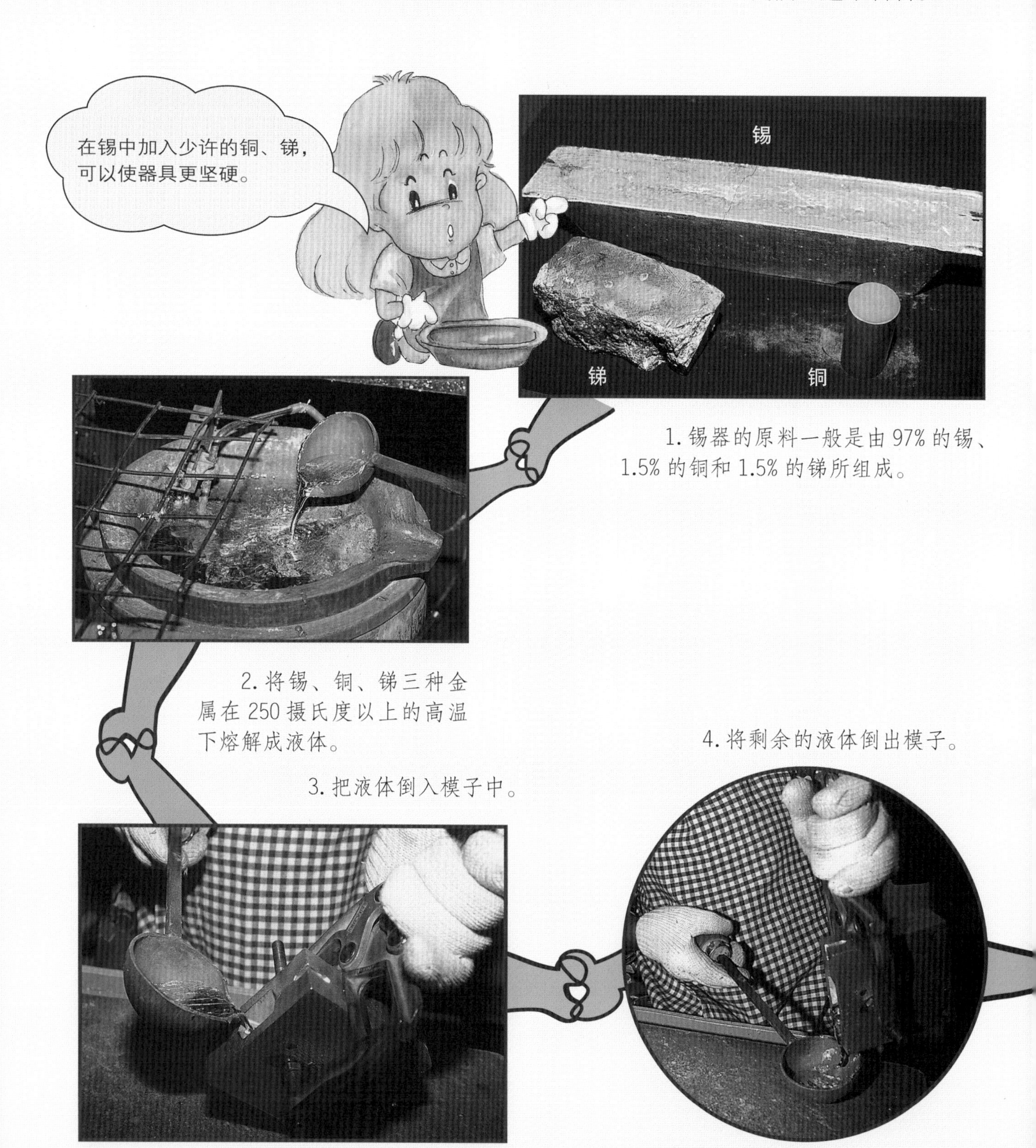

1. 锡器的原料一般是由 97% 的锡、1.5% 的铜和 1.5% 的锑所组成。

2. 将锡、铜、锑三种金属在 250 摄氏度以上的高温下熔解成液体。

3. 把液体倒入模子中。

4. 将剩余的液体倒出模子。

8.再用机器将表面磨光。

7.手工将表面不平的地方磨平。

5.打开模子用工具夹出，所要制作的物品就成型了。

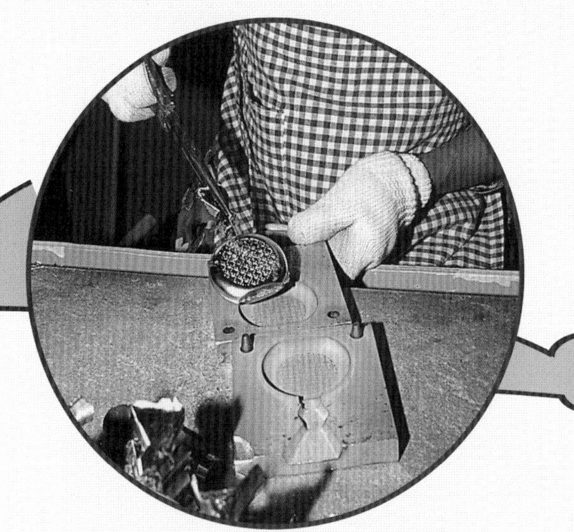

6.将多余的部分放入热锡液中熔掉。

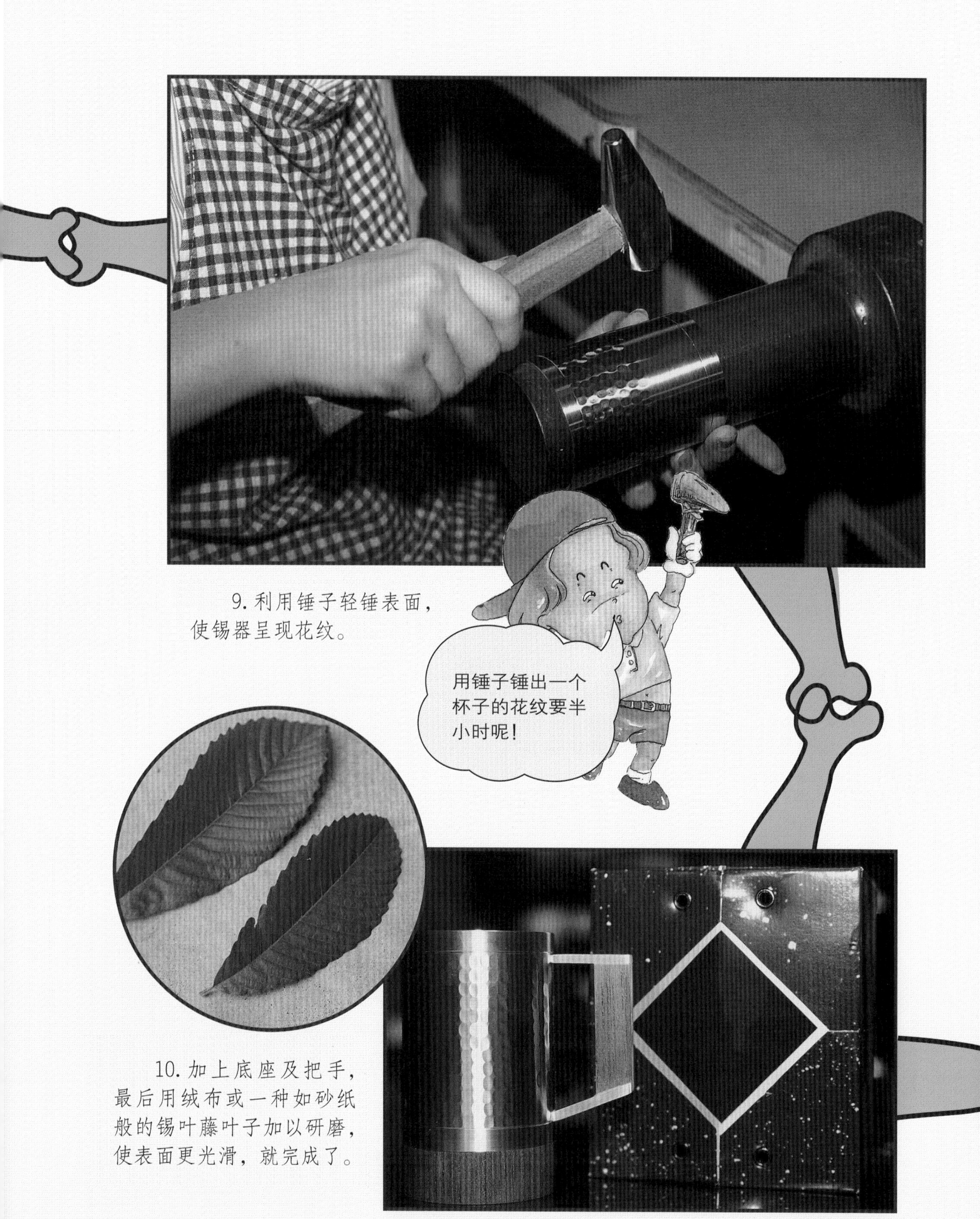

9. 利用锤子轻锤表面，使锡器呈现花纹。

10. 加上底座及把手，最后用绒布或一种如砂纸般的锡叶藤叶子加以研磨，使表面更光滑，就完成了。

13. 锡制品。

创立于1885年的皇家雪兰莪（é）锡制总厂制造顶级的锡器，其产品远销世界各地哟！

皇家雪兰莪锡制总厂设在马来西亚吉隆坡文良港，制造过程是开放给民众参观的，有空可以前往参观。

12. 套上外包装，即可出售。

11. 用柔软的薄纸包装起来，以免器物表面被刮伤。

铝土矿

地壳中最丰富的金属——铝

地壳中含有大量的金属元素和金属氧化物，其中含量最多的金属元素就是铝，约占地壳组成元素的 8%。铝的化学属性很活泼，很容易和其他物质结合成新的化合物，所以在自然界中找不到纯铝矿，用来提炼铝的铝土矿中，50%—60% 的成分是氧化铝。

铝土矿是用来炼铝的原料，氧化铝本身是白色的，铝土矿中的氧化铁含量会改变铝土矿的颜色。氧化铁含量越高，铝土矿就越红。

经过提炼后的纯铝，有着典型的银灰色金属光泽。

利用电解法提炼出纯铝

自然界中，铝总是和其他元素结合在一起形成化合物，其中最常见的就是氧化铝，氧和铝紧密地结合在一起，难以分离。1825 年，丹麦化学家汉斯·奥斯特经过多年实验，利用钾和氧化铝发生的化学反应，成功将纯铝分离出来，让人们第一次看到了它的真面目。

汉斯·奥斯特提炼铝的方式十分费时费力，所以当时铝比金银还贵重，直到1886年美国化学家霍尔和法国化学家埃鲁发明了用电解法从氧化铝中分离出铝，使得铝可以大量生产，从此揭开了铝工业发展的序幕。

霍尔和埃鲁发明了电解炼铝的方法，大大降低了炼铝的费用。

电解法的原理

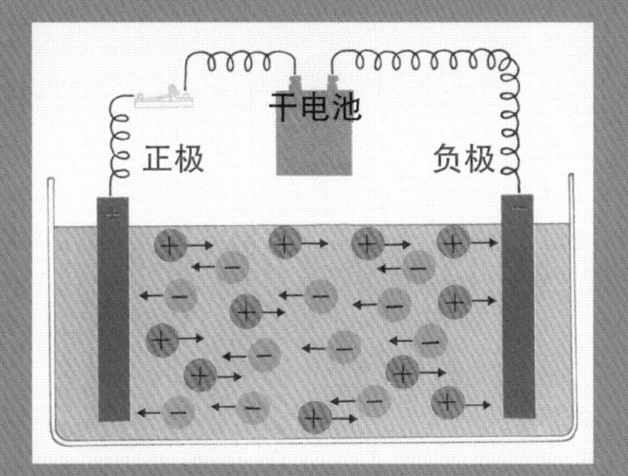

电解法就是利用电流来分解化合物的方法。化合物溶解到水中以后，会分解成许多带不同电荷的粒子，称为“正离子”或“负离子”。通电后，正离子会被吸引到负极，而负离子则跑到正极去，因此就可以把正、负离子分开。

氧化铝的电解槽

氧化铝经高温熔解后，氧成为负离子，铝成为正离子，通电后带负电的氧离子会跑到正极，而带正电的铝离子则会沉淀在电解槽底，用此方法把氧和铝分开。

重量轻、延展性佳的铝

纯铝的质地柔软，延展性良好，可以用滚筒碾轧成非常薄的薄片。因此，铝的薄片可以放入包装材料中，利用其不透光又防潮的特性，让食物的保存期限更长。再加上铝的重量比铁轻，作为饮料或食物包装更轻便，携带更不费力。

延展性佳

铝可以制成很薄的铝箔纸，质地柔软，可以任意折叠、弯曲，常在烹饪时盛放食物用。

重量轻

用铝制成的铝罐，比玻璃罐或铁罐都轻，通常用来装有气泡的饮料。

不透光

铝容器不透光，用在食品包装上，可以防止内装食品因光照而变质，从而延长保质期。乳制品包装中也有一层铝用来遮光。

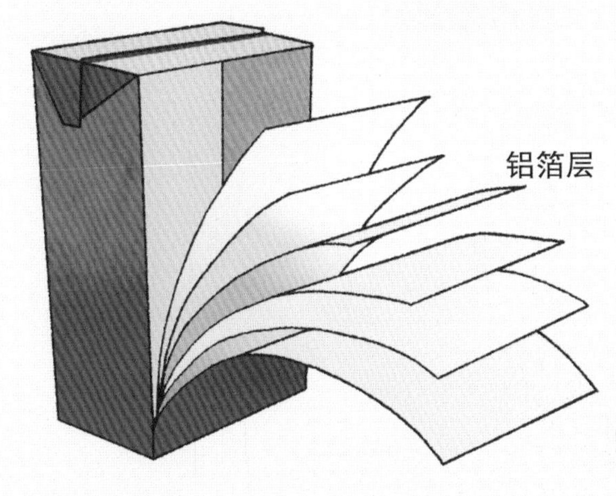

耐用

铝一旦生锈，氧化铝会紧紧地覆盖在表面，形成一层保护膜，可防止铝与氧接触，避免再生锈，所以铝常用来做成铝门、铝窗等。

图片作者：Ratchat / Shutterstock.com

可以不断回收再利用

铝罐和铝废料，经过分类、筛选、清洗和熔铸以后，又可以制成崭新的罐头、铝锅与其他产品，是回收价值最高的资源之一。

工业上不可或缺的铝合金

合金的特性之一就是可以增加金属原有的强度和硬度，使金属变得既坚固又耐用。铝金属中加入镁元素，一起熔炼成的铝镁合金，耐腐蚀的能力特别强，可以做成罐头容器，盛装各种酸甜苦咸的食物、饮料，或是做成储存槽。

1903年，德国科学家威尔姆发明的硬铝是一种铝和铜的合金，不但有合金坚韧牢固的优点，同时还兼具铝材轻便的好处，非常适合用来作为飞机的材料。

铝是制造飞机、高铁等的材料，铝合金轻便且坚硬，不但可以减少燃油使用量，也可以避免锈蚀。

铝制轮框、车身比铁制的抗锈又轻便。

保存食物的方法有哪些?

我们四周充满了肉眼看不见的细菌与霉菌，它们散布在空气中以及各种物体上，食物会腐烂也是因为它们。为了对抗这些小东西，人们费了许多心血，发明了几种方法来保存食物：

把食物放进冰箱或冷冻库中冷冻起来。

利用太阳或烘箱把食物中的水分蒸发掉。

食物经过高温杀菌后，装进罐子内密封起来，制成罐头。

利用盐、糖或醋来腌制食物。

水果、谷类、牛奶等食物经过发酵后，变成酒或乳酪，可以存放更长的时间。

在食物中添加防腐剂，也是一种方法。

罐头的故事

先把烹饪过的东西趁热放进瓶子中，尽量别让空气跑进去。

用软木塞把瓶口塞住，再把瓶子放进热水中煮两个小时。

取出后，将软木塞压紧，再用蜡封住。

哇！奖金是我的了！

士兵们从此不必害怕长途跋涉。

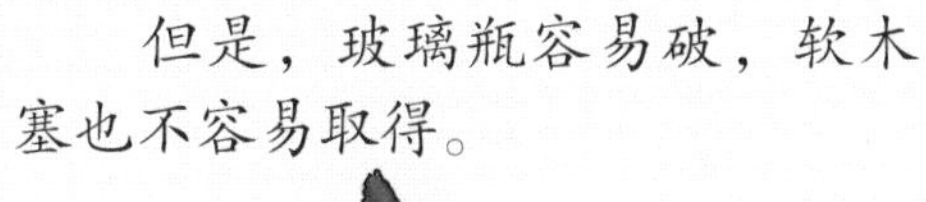
但是，玻璃瓶容易破，软木塞也不容易取得。

连远航的船员们也受惠。
这下子再远也不怕了。

英国人彼得·杜兰德改用锡罐来装食物。

从此，罐头食品通行世界各地。

如果你希望成功，当以恒心为良友，以经验为参谋，以谨慎为兄弟，以希望为哨兵。

谁是凶手?

有一天，小梅在厨房里帮妈妈清洗厨具。当妈妈洗好菜刀后，小梅没有擦干就直接放入柜子里了。第二天，妈妈拿起菜刀准备再用时，却发现上面已经生锈了。你知道菜刀为什么会生锈吗?

放在工具箱里的铁钉，日子久了也会生锈。到底使铁生锈的“凶手”是谁呢？是空气还是水?

准备材料

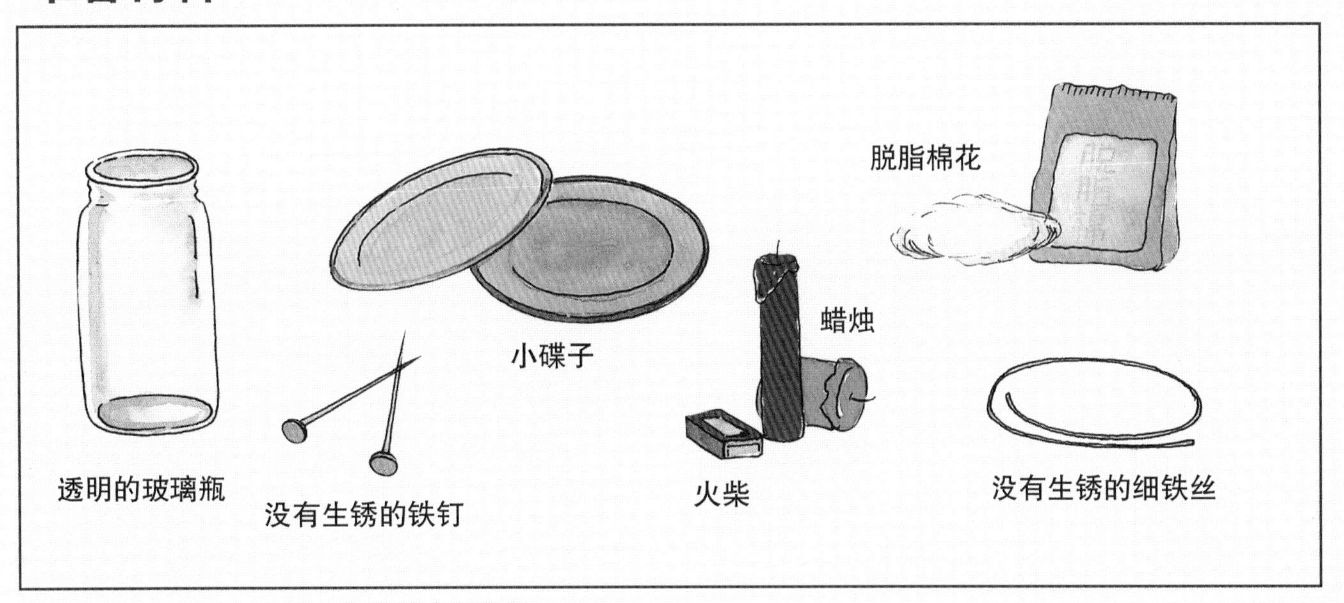

实验过程

实验一：水是凶手吗？

1. 用水将脱脂棉花浸湿，铺在小碟子上，另一个碟子则只铺干燥的脱脂棉花。

2. 在棉花上各放两根没有生锈的铁钉，三天以后，发现放在湿棉花上的铁钉已经生锈了，而放在干棉花上的铁钉却没生锈。

实验二：空气是凶手吗？

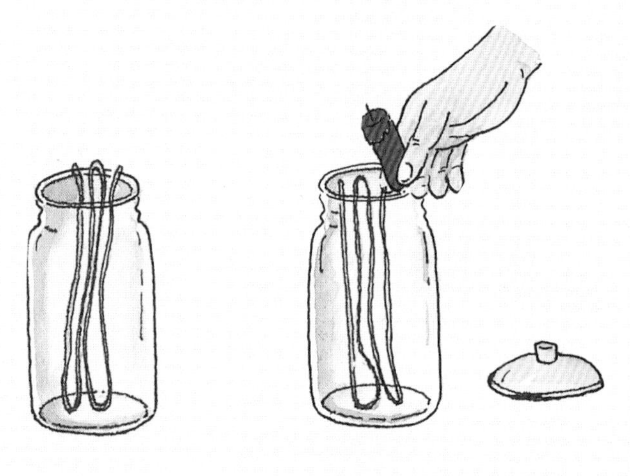

1. 把没有生锈的细铁丝分别放入两个空的玻璃瓶内，其中一个瓶子放入一支蜡烛，蜡烛点燃后，盖好盖子，静待蜡烛熄灭。这时瓶子内的氧气已经因为燃烧而消耗了，而另一个瓶子内则仍含有一般的空气。

2. 几天以后，放在不加盖子的瓶子里的细铁丝开始慢慢生锈，而放在无氧瓶子内的细铁丝却不会生锈。

原来凶手是——氧气

包围在我们四周的空气，约有 20% 是氧气。氧气除了是生物呼吸、生长不可缺少的元素外，还可以帮助物质燃烧，这种与氧结合而发生化学反应的作用，我们称它为“氧化作用”。

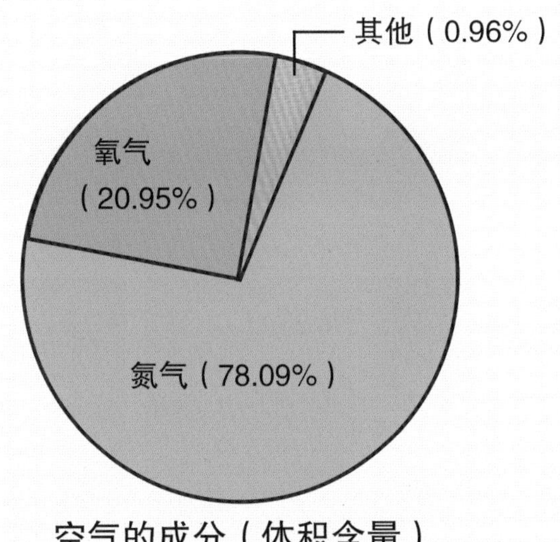

空气的成分（体积含量）

铁锈其实是铁和氧结合以后的产物，称为“氧化铁”。被氧化以后的铁已经不再是纯粹的铁了，所以失去了铁的许多特性，例如，没有导电性、延展性和金属光泽等。

除了看不见的空气外，水里也含有一部分的氧气。一般而言，这种溶解在水中的氧气比存在于空气中的氧气更活泼，更容易与铁发生化学反应，使铁生锈。所以，放在湿棉花上的铁钉会比放在干棉花上的铁钉更容易生锈。但是时间久了，不管是放在干棉花上的铁钉，还是放在空气中的铁丝都会生锈，只有放在无氧状态中的铁丝，不管经过多久也不会生锈。

曾经有科学家做过一个实验：把一块铁浸在一瓶密封蒸馏水（蒸馏水中不含氧气）中，经过了好几年，铁块仍然没有生锈。这证明了水并不是使铁生锈的关键因素，氧气才是真正的凶手!

小牛顿科学馆

全新升级版